Prof. Pravin Bhanudas Shinde
Tejashri Abhijit Kulkarni
Siddharth Vijay Jadhav

Inovar os instrumentos de inquérito: Transformar as desvantagens em vantagens

Prof. Pravin Bhanudas Shinde
Tejashri Abhijit Kulkarni
Siddharth Vijay Jadhav

Inovar os instrumentos de inquérito: Transformar as desvantagens em vantagens

através de modificações e avanços tecnológicos

ScienciaScripts

Imprint

Any brand names and product names mentioned in this book are subject to trademark, brand or patent protection and are trademarks or registered trademarks of their respective holders. The use of brand names, product names, common names, trade names, product descriptions etc. even without a particular marking in this work is in no way to be construed to mean that such names may be regarded as unrestricted in respect of trademark and brand protection legislation and could thus be used by anyone.

Cover image: www.ingimage.com

This book is a translation from the original published under ISBN 978-620-8-01052-2.

Publisher:
Sciencia Scripts
is a trademark of
Dodo Books Indian Ocean Ltd. and OmniScriptum S.R.L publishing group

120 High Road, East Finchley, London, N2 9ED, United Kingdom
Str. Armeneasca 28/1, office 1, Chisinau MD-2012, Republic of Moldova, Europe
Printed at: see last page
ISBN: 978-620-8-08295-6

RESUMO

Os avanços tecnológicos têm tido um impacto significativo na topografia de construção, levando à produção de novos instrumentos de topografia a intervalos regulares. Estes instrumentos oferecem vantagens como a precisão, a produtividade e a interconectividade, levando muitas empresas de construção a adoptá-los. Foi realizado um estudo com recurso a um questionário para determinar como incorporar estes desenvolvimentos no ensino da topografia de construção aos alunos dos cursos de Tecnologia de Gestão da Construção. Os resultados mostraram que as escolas favorecem a inclusão de equipamento de ponta de "alta tecnologia" na topografia para preparar melhor os alunos para o local de trabalho. Após o ensino dos instrumentos básicos de topografia, recomenda-se o ensino da utilização de novos instrumentos de topografia e das suas aplicações na construção. O estudo também fornece informações sobre as tendências de fabrico dos novos instrumentos de topografia para a construção. A inovação do teodolito moderno, ou seja, o teodolito orientado e o teodolito Vernier de 20" modificado, bem como a versão modificada da mira aberta, ou seja, a mira aberta pró-cruzada, são utilizados para a construção de estradas.

Palavras-chave - Inovação, Inquérito, Teodolito, Equipa transversal aberta.

ÍNDICE

CAPÍTULO 1

INTRODUÇÃO

Os avanços tecnológicos tiveram um impacto significativo no domínio da Topografia para a Construção, levando à produção regular de novos instrumentos de topografia adaptados ao sector da construção. Estas ferramentas inovadoras oferecem inúmeras vantagens, tais como maior precisão, produtividade e conetividade. Consequentemente, muitas empresas de construção civil são rápidas a adotar estes instrumentos devido às suas vantagens [Avram et.al., 2016]. O documento discute as tendências em evolução no fabrico de novos instrumentos de topografia para a construção. Apresenta também um estudo realizado através de um questionário para determinar a abordagem à incorporação destes avanços tecnológicos no ensino da topografia da construção nos programas de Tecnologia de Gestão da Construção. A investigação inclui os resultados do questionário distribuído a todos os membros das Escolas Associadas da Construção (ASC), acreditadas pelo Conselho Americano para a Educação na Construção (ACCE) [Shiu et.al., 2011]. Das escolas inquiridas, catorze responderam. Os resultados indicam uma preferência entre estas instituições pela integração de equipamento "High Tech" de última geração no ensino da topografia, de modo a preparar melhor os estudantes para o mercado de trabalho. O estudo sugere que, depois de os alunos se familiarizarem com a utilização de instrumentos básicos de topografia, devem ser ensinados a utilizar e a aplicar novos instrumentos de topografia na construção [Radlinského e Bratislava, 1983].

Os instrumentos de topografia têm desempenhado um papel fundamental em domínios como a engenharia civil e a construção. No entanto, enfrentam desafios como o funcionamento manual, a precisão limitada e a recolha de dados morosa. Estas limitações prejudicam a eficiência e a exatidão, exigindo soluções inovadoras. Este documento analisa a forma como os avanços tecnológicos podem modernizar os instrumentos tradicionais para responder às necessidades actuais de topografia [Arumala, 2000]

A operação manual representa um obstáculo significativo, exigindo operadores qualificados e introduzindo o potencial de erro humano. Os instrumentos tradicionais também carecem muitas vezes de precisão, especialmente a longas distâncias ou em terrenos difíceis, comprometendo a fiabilidade dos dados. Além disso, os seus processos de recolha de dados são trabalhosos e impedem a produtividade [Faller].

Para ultrapassar estes desafios, a integração de componentes electrónicos e de capacidades de processamento de dados em tempo real apresenta oportunidades promissoras de melhoria. A automatização das funções e a validação imediata das medições podem transformar os instrumentos tradicionais em ferramentas eficientes e precisas. A adoção de inovações como os sensores electrónicos de nivelamento e os veículos aéreos não tripulados equipados com sensores avançados tem o potencial de revolucionar a topografia, melhorando a precisão e alargando as aplicações em sectores como as infra-estruturas e a monitorização ambiental.

1.1 Desvantagens dos instrumentos de topografia tradicionais:

Os instrumentos de inquérito tradicionais sofrem de vários inconvenientes, incluindo o funcionamento manual, a precisão restrita e os métodos de recolha de dados laboriosos. Estas limitações impedem a precisão, a eficiência e a escalabilidade, comprometendo, em última análise, a fiabilidade dos resultados dos inquéritos. O funcionamento manual exige a intervenção humana em cada etapa, aumentando a probabilidade de erros e inconsistências. A precisão limitada pode levar a imprecisões nas medições, afectando a qualidade geral dos dados recolhidos. Além disso, os processos pesados de recolha de dados consomem tempo e recursos, impedindo a produtividade e atrasando a conclusão do projeto [Shiu et.al. 2011]. Consequentemente, as ineficiências inerentes aos instrumentos de levantamento topográfico tradicionais impedem a capacidade de escalar as operações de forma eficaz, limitando o âmbito dos projectos de levantamento topográfico e afectando potencialmente os processos de tomada de decisão. À luz destes desafios, existe uma necessidade premente de soluções inovadoras que alavanquem tecnologias avançadas para ultrapassar as deficiências dos métodos tradicionais de levantamento topográfico e melhorar a precisão, eficiência e escalabilidade das operações de levantamento [Punmia, 1967].

1.1.1 Funcionamento manual:

A operação manual destaca-se como uma caraterística definidora dos instrumentos de levantamento topográfico tradicionais, dependendo de operadores qualificados para executar medições e documentar dados manualmente. Este processo, sujeito a erros humanos, introduz imprecisões nos dados recolhidos, comprometendo assim a fiabilidade dos resultados do levantamento. A necessidade de os operadores se envolverem fisicamente com os instrumentos em cada fase aumenta a probabilidade de erros na medição e no registo de dados. Esses erros podem resultar de uma má interpretação das leituras, de uma calibração incorrecta ou de um simples descuido durante a introdução manual dos dados. Consequentemente, estas imprecisões prejudicam a integridade dos resultados dos inquéritos, podendo levar a conclusões ou decisões erradas baseadas em informações incorrectas. Com o avanço da tecnologia, há uma ênfase crescente na automatização dos processos de levantamento topográfico para reduzir a dependência da operação manual, minimizar os erros e aumentar a precisão e a fiabilidade dos dados do levantamento. [Shiu e et.al., 2011]

1.1.2 Precisão limitada:

Os instrumentos de levantamento topográfico tradicionais, como os níveis e os teodolitos, deparam-se com limitações de precisão, especialmente quando têm de medir distâncias extensas ou em terrenos acidentados. Estas limitações têm um impacto significativo na exatidão dos resultados do levantamento, exigindo frequentemente correcções ou ajustamentos suplementares para atingir os níveis de precisão desejados. Em longas distâncias, factores como as condições atmosféricas, a curvatura da Terra e as irregularidades do terreno podem introduzir erros nas medições, diminuindo a fiabilidade dos dados recolhidos. Além disso, em terrenos difíceis, onde a linha de visão pode estar obstruída ou o terreno irregular interfere com a estabilidade do instrumento, torna-se mais difícil obter leituras exactas [Shiu e et.al., 2011]. Consequentemente, os topógrafos podem ter de empregar técnicas como o nivelamento diferencial ou levantamentos transversais para compensar estas limitações e aperfeiçoar a precisão dos seus resultados. Apesar do seu significado histórico, estes instrumentos tradicionais são cada vez mais complementados ou substituídos por tecnologias modernas como o GPS e o LiDAR, que oferecem maior precisão e eficiência nas aplicações de topografia. [Chekole, 2022].

1.2 Introdução aos instrumentos.

1.2.1 Teodolito:

O teodolito é o instrumento mais preciso concebido para a medição de ângulos horizontais e verticais e tem uma vasta aplicabilidade em levantamentos topográficos, tais como a definição de ângulos horizontais, a localização de pontos em linha, o prolongamento da linha de levantamento, o estabelecimento de graus, a determinação de diferenças de elevação e a definição de curvas. Os primeiros teodolitos eram fabricados com telescópios compridos que não podiam ser invertidos rodando o telescópio num eixo horizontal até 180° no plano vertical. Mais tarde, foram fabricados os teodolitos com telescópios mais curtos que podiam ser invertidos rodando o telescópio no plano vertical sobre um eixo horizontal. É constituído por um telescópio móvel montado de modo a poder rodar em torno de eixos horizontais e verticais e fornecer leituras angulares. Estes indicam a orientação do telescópio e são utilizados para relacionar o primeiro ponto observado através do telescópio com observações subsequentes de outros pontos a partir da mesma posição do teodolito. Estes ângulos podem ser medidos com uma precisão de até microrradianos ou segundos de arco. A partir destas leituras pode ser desenhado um plano ou os objectos podem ser posicionados de acordo com um plano existente. O teodolito moderno evoluiu para o que é conhecido como uma estação total, onde os ângulos e as distâncias são medidos eletronicamente e lidos diretamente para a memória do computador.

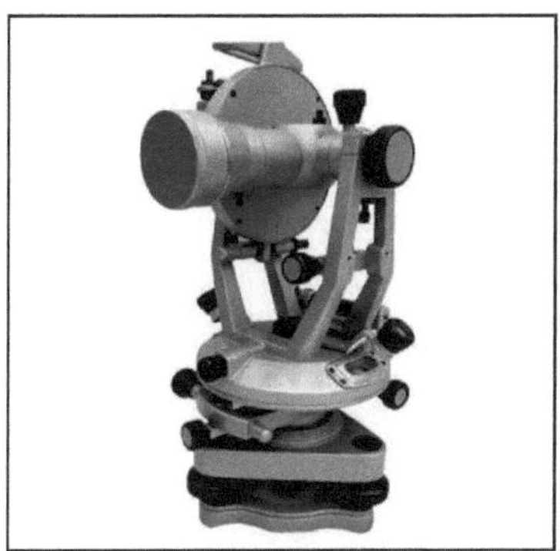

Figura 1. Teodolito

1.2.2 Bússola prismática:

Esta bússola prismática é um dos dois principais tipos de bússolas magnéticas incluídas na coleção para medir rumos magnéticos, sendo o outro a bússola de agrimensor. A principal diferença entre os dois instrumentos é que a bússola de agrimensor é normalmente o instrumento maior e mais preciso e é geralmente utilizada num suporte ou tripé. O compasso prismático, por outro lado, é frequentemente um instrumento pequeno que se segura na mão para observar e é, por isso, empregue n a s classes de trabalho mais difíceis. As graduações desta bússola prismática estão situadas num anel de alumínio leve fixado à agulha e o zero das graduações coincide com o ponto sul da agulha. Assim, as graduações permanecem estacionárias com a agulha e o índice gira com as palhetas de mira. Uma vez que o círculo é lido na extremidade do observador (e não do alvo), as graduações correm no sentido dos ponteiros do relógio a partir da extremidade sul da agulha (0° a 360°), ao passo que na bússola de topógrafo as graduações correm no sentido contrário ao dos ponteiros do relógio a partir do norte.

Uma bússola prismática pode ser utilizada segurando-a na mão. Para uma maior precisão, é normalmente montada num pequeno tripé com um eixo vertical que tem um sistema de esfera e encaixe e ao qual a bússola é aparafusada. A bússola pode ser facilmente posicionada com esta configuração. Estes três passos são necessários para o seu funcionamento.

- o Centragem

- o Nivelamento

- o Tomar nota do rolamento

Figura 2. Bússola prismática

1.2.3 Pessoal da Cruz Aberta:

A mira é um instrumento utilizado para medir altitudes e ângulos, constituído por uma mira graduada trigonometricamente e sobre a qual se movem uma ou mais palhetas perpendiculares. Para medir a altitude ou a distância de um objeto acima do nível do mar ou do horizonte, utiliza-se a mira, que é um instrumento de navegação antigo. A mira de madeira aberta é a forma mais simples de mira e consiste numa peça de madeira redonda ou quadrada com cerca de 4 cm de espessura e um diâmetro que varia entre 15 cm e 30 cm. Tendo em conta duas linhas de visão, o disco é provido de dois cortes de serra com cerca de 1 cm de profundidade, perpendiculares entre si.

Figura 3. Pauta em cruz aberta

1.3 Objetivo e definição do problema

❖ Objectivos:

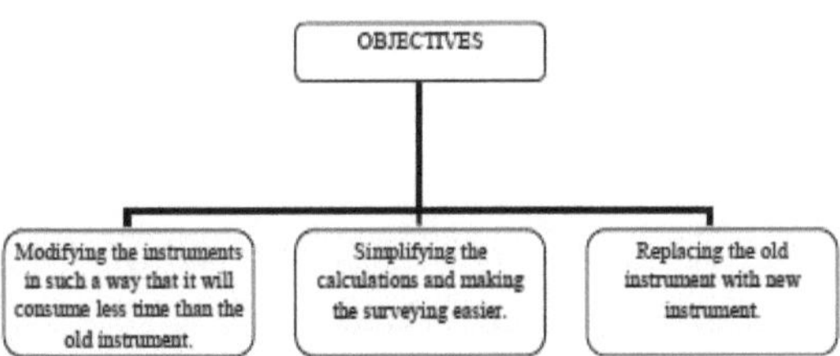

❖ A modificação dos instrumentos para reduzir o tempo necessário para nivelar e centrar é fundamental, uma vez que os instrumentos actuais requerem um tempo significativo para estas operações, prolongando todo o período de tempo operacional.

❖ Ao simplificar os cálculos e implementar funcionalidades de fácil utilização, pretendemos racionalizar o processo de levantamento topográfico, tornando-o mais acessível e eficiente para profissionais de todos os níveis de competências. Isto envolve a realização de cálculos complicados utilizando cálculos complexos e interfaces simples para reduzir a imposição abstrata do topógrafo e melhorar a precisão dos resultados. Além disso, a incorporação de tecnologia de ponta, como a realidade aumentada e a visualização de dados em tempo real, pode melhorar o processo de levantamento topográfico, oferecendo feedback imediato e permitindo uma melhor tomada de decisões no terreno. O nosso objetivo final é democratizar os procedimentos de levantamento topográfico, eliminando as barreiras de entrada e permitindo que as pessoas obtenham facilmente medições precisas e fiáveis.

❖ A substituição do instrumento antigo por um novo que requer menos mão de obra representa uma decisão importante que visa otimizar a eficiência operacional e a utilização de recursos. Isto minimiza significativamente a quantidade de trabalho humano necessário para completar tarefas que eram realizadas pelo instrumento mais antigo, equipamento mais intensivo em mão de obra, implementando a mais recente inovação. Esta mudança reduz a necessidade de empregar trabalhadores, ao mesmo tempo que diminui as despesas e aumenta a produção. Além disso, as capacidades do novo instrumento podem ser potencialmente melhoradas através da utilização de tecnologia moderna, permitindo operações mais rápidas e mais precisas. Em suma, esta atualização demonstra o compromisso de utilizar a inovação para melhorar os resultados, utilizando menos pessoal e simplificando os procedimentos.

❖ Declaração do problema:

Os instrumentos de topografia antigos têm muitos erros, o que resulta em muitos cálculos incorrectos que afectam todo o relatório de topografia.

1.4 Pormenores dos instrumentos modificados

1.4.1 Teodolito orientado.

❖ **Descrição**

Durante os levantamentos, o teodolito redesenhado facilita o alinhamento com a direção norte, eliminando a necessidade de uma bússola e de uma vara de medição na estação do instrumento para estabelecer o azimute. Esta invenção acelera e melhora a eficácia do procedimento de levantamento topográfico. Este instrumento torna-se uma solução tudo-em-um com a adição de uma bússola moderna, uma estrutura vertical rotativa horizontal e um acessório de palheta de objeto modificado. O processo de recentragem, outrora laborioso, foi acelerado. Além disso, este teodolito pode calcular outros tipos de orientação diretamente no dispositivo, tais como orientações de círculo reduzido e completo.

❖ **Funcionalidade:**

o **Armação vertical rotativa horizontal:** - O instrumento possui uma armação rotativa de 360 graus, o que permite que a nova alidade bisseteie a direção norte sem qualquer impedimento.

o **Palheta de objectos** modificada: - A palheta de objectos modificada substitui a necessidade de uma vara de alcance e permite a bissecção de qualquer direção desejada, em particular o norte, através da ocular. Equipada com uma nova dobradiça circular de bloqueio na parte inferior, esta palheta pode rodar suavemente no plano vertical, facilitando a bissecção precisa da direção.

o **Bússola moderna:** - Foi incorporada uma bússola moderna com dois tubos de bolha, assente numa placa de estrutura onde o movimento do tipo giroscópio pode ser controlado manualmente pelo topógrafo para leituras direcionais precisas

❖ **Vantagens do teodolito modificado:**

- De fácil utilização para os topógrafos.

- Reduz significativamente o consumo de tempo.

- Simplifica os cálculos de rolamentos.

1.4.2 Teodolito vernier modificado de 20".

❖ **Descrição:**

Em vez de calcular ângulos distintos de elevação e de depressão (α e β), o teodolito atualizado utiliza os novos verificadores E e F para determinar o ângulo vertical entre dois objectos. Em comparação com os anteriores verificadores C e D, isto simplifica o processo e reduz o tempo. Existe um novo botão no nónio E. O dispositivo é calibrado alinhando o objeto 1 (acima do eixo horizontal do telescópio) e rodando manualmente o botão para ajustar as leituras das escalas principal e do nónio para 0. Para ajustar as leituras das escalas principal e do nónio para zero no nónio F, alinhar o objeto 2 (abaixo do eixo horizontal do telescópio) e rodar manualmente o botão extra.

❖ **Funcionalidade:**

1) No nónio E, foi adicionado um novo botão. Ao alinhar o objeto 1 (acima do

eixo horizontal do telescópio) e rodar manualmente o botão para colocar as leituras das escalas principal e do nónio em 0, o instrumento é calibrado. Em seguida, deslocando o telescópio verticalmente e alinhando-o com o objeto 2, é possível determinar o ângulo vertical observado entre os dois objectos.

2) No vernier F, o processo envolve o alinhamento do objeto 2 (abaixo do eixo horizontal do telescópio) e a rotação manual do botão adicional para colocar as leituras das escalas principal e do vernier em 0. Subsequentemente, movendo o telescópio verticalmente e alinhando-o com o objeto 1, o ângulo vertical observado entre o objeto 2 e o objeto 1 pode ser determinado.

3) O ângulo vertical médio entre dois objectos pode ser determinado calculando a média das leituras obtidas nos verificadores E e F.

❖ **Vantagens do teodolito vernier modificado de 20":**

- Os cálculos serão mais simples, mais exactos e mais rápidos.

- Quando os ajustes forem perfeitos, não haverá necessidade de efetuar cálculos com a mão esquerda e com a mão direita.

Figura 5. Teodolito vernier de 20" modificado

1.4.3 Pessoal aberto para o cruzamento:

❖ **Descrição:**

Este instrumento é uma variação da mira em cruz aberta, com um telescópio adicional para ajudar a biselar a direção correspondente e dois níveis para nivelar o instrumento e obter medições precisas. Esta versão actualizada está equipada com uma máquina EDM (Electronic Distance Measuring) trapezoidal que pode medir até 5 metros de comprimento e fornece medições precisas.

❖ **Funcionalidade:**

1. Telescópio de intersecção: Esta modificação da palheta de mira aberta num telescópio simplifica a operação e a visão através deste telescópio é agora mais visível e precisa, ao mesmo tempo que bissecta o objeto, tornando-o mais fácil de operar. O mini-telescópio é colocado precisamente perpendicular ao eixo principal do grande telescópio, bissectando os dois objectos em direcções opostas, resultando num ângulo perfeito de $90o$ entre eles. Por exemplo, a mira aberta é utilizada para o levantamento de estradas, mas com esta versão modificada da mira aberta, é agora mais fácil e demora menos tempo a concluir o levantamento.

2. Parafuso de fixação: Existe um parafuso de fixação por baixo do Telescópio Intersectante que é utilizado para bloquear a rotação do telescópio num plano horizontal.

3. Quadro rotativo horizontal de 3 pernas: Esta estrutura tem uma fixação na parte superior, onde o EDM está fixo, e está ligada ao suporte com um rolamento que permite uma rotação suave da estrutura. Esta estrutura gira num plano horizontal.

4. Máquina EDM (Electronic Distance Measurement): O eixo vertical do telescópio e o eixo vertical da EDM coincidem, uma vez que a EDM está instalada na parte superior do telescópio. A EDM é fixada a uma estrutura vertical giratória. O movimento da EDM pode ser ajustado num plano horizontal para medir uma distância horizontal em qualquer direção e possui arbitragem amovível para diferentes utilizações.

5. AATS (Suporte de tripé auto-ajustável): Este suporte de tripé modificado pode ser ajustado ao nível do solo ou à estrutura da superfície, permitindo uma operação sem erros e reduzindo o tempo de nivelamento. A ação de bloqueio manual única onde cada perna do suporte, que tem um botão de bloqueio com uma mola.

❖ **Vantagens:**

• É difícil manter a verticalidade do instrumento enquanto se faz a bissecção do objeto na direção longitudinal e transversal em instrumentos mais antigos, o que é ultrapassado pela fixação de um tubo de bolha e de um suporte de tripé auto-ajustável.

• Não podemos bissectar um objeto colocado a grande distância com um instrumento antigo, o que é ultrapassado pela ligação do telescópio intersectante.

• Para marcar intervalos (exemplo: Projeto de estrada), o EDM é colocado acima do telescópio de intersecção, o que reduzirá o erro manual.

• A operação com este instrumento será muito mais fácil e precisa.

CAPÍTULO 2
REVISÃO DA LITERATURA

2.1. Generalidades

No capítulo anterior, estudámos a diferença entre o antigo instrumento de topografia e o instrumento de topografia modificado. Esta é a revisão do trabalho de investigação que estudámos para este projeto.

B.C Punmia (Surveying vol.1, 1967)

Este volume é um dos dois que oferecem um curso abrangente sobre as partes da teoria e da prática do levantamento topográfico plano e geodésico que são mais comumente utilizadas pelos engenheiros civis. O primeiro volume cobre, em 24 capítulos, as operações topográficas mais comuns. Cada tópico introduzido é minuciosamente descrito, a teoria é rigorosamente desenvolvida e um grande número de exemplos numéricos é incluído para ilustrar a sua aplicação. As afirmações gerais de princípios e métodos importantes são quase invariavelmente fornecidas por ilustrações práticas. Para além de ilustrações de instrumentos antigos e convencionais, foi dada ênfase a instrumentos novos ou modernos, tanto para trabalhos comuns como para trabalhos de precisão. Uma boa parte do espaço foi dada aos ajustes instrumentais com uma discussão completa dos princípios geométricos em cada caso. Muitos novos problemas avançados também foram adicionados, o que será útil para exames competitivos.

B C Punmia et.al. (1967)

Este livro, publicado pela primeira vez em 1967 e que está a entrar na sua décima quinta edição, é um dos três volumes sobre AGRIMENSURA. Trata de cinco tópicos sobre Topografia Avançada ou Superior. O livro foi escrito principalmente como um manual universitário para preencher a necessidade de uma cobertura simples mas completa dos princípios da Astronomia de Campo, Fotogrametria, Gestão da Distância Electromagnética (EDM), Deteção Remota e Sistema de Informação Geográfica (GIS). O livro destina-se também a ajudar o topógrafo experiente que não tem tido tempo para acompanhar as rápidas mudanças nas técnicas tão visíveis no domínio da topografia. O tema é introduzido gradualmente e por etapas. Um grande número de exemplos resolvidos e não resolvidos desenvolve a capacidade do leitor de aplicar os conceitos básicos a problemas práticos. O livro aborda também os equipamentos mais modernos utilizados em Levantamento Fotogramétrico e Medição Electromagnética de Distâncias, incluindo a Solução Total.

Teodolito de prospeção entre o passado e o futuro, (Daniel AVRAM et.al. 2016)

Os instrumentos de topografia evoluíram ao longo do tempo, desde o século XIX até à atualidade. Um dos instrumentos de topografia é o teodolito. O teodolito é um instrumento de precisão para a medição de ângulos nos planos horizontal e vertical. O objetivo deste artigo é destacar as melhorias introduzidas ao longo do tempo neste instrumento em termos construtivos e operacionais.

Instrumento de levantamento de última geração (P P Bahuguna, et al. janeiro de 2006)

Os desenvolvimentos tecnológicos no domínio da informática, da tecnologia da informação e da tecnologia de satélites criaram novas esperanças para a topografia e a geoinformática. Embora seja verdade que os topógrafos de minas profundas/subterrâneas também efectuam levantamentos à superfície, o seu trabalho principal é realizado a muitas centenas de metros de profundidade. O aparecimento do sistema de posicionamento global (GPS), das estações totais e dos teodolitos digitais tornou a aquisição de dados muito mais simples e rápida do que até agora.

Modern Survey Instruments and their use in Mine Surveying, (P.P Bahuguna et al., 2006)

Embora as técnicas de levantamento topográfico tenham sempre desempenhado um papel primordial na recolha de dados para cartografia, recentemente, novos instrumentos e métodos de captura e processamento de dados introduziram a possibilidade de aumentar a massa e a variedade da informação disponível. Atualmente, os sistemas de monitorização em tempo real baseados em estações totais robóticas e GPS, as técnicas fotogramétricas digitais, as imagens de satélite de alta resolução, os dispositivos de laser scanners de satélite, aéreos e terrestres são capazes de fornecer um conjunto de ferramentas poderosas para o levantamento geométrico e a modelação. O artigo centra-se nas novas tendências dos aparelhos de topografia e nas suas aplicações na topografia de minas, que tem sido impulsionada nos últimos anos pela difusão das tecnologias da informação.

O Impacto dos Novos Instrumentos de Levantamento no Curso de Estudo de Levantamento de Construção, (Joseph O. ArumalaSetembro de 2000)

A topografia da construção foi muito afetada pelos avanços   tecnológicos. O desenvolvimento tecnológico levou à produção de novos   instrumentos de topografia para a indústria da construção. Os novos instrumentos oferecem muitas vantagens, incluindo precisão, produtividade e interconectividade. Devido às vantagens oferecidas pelos instrumentos, muitas empresas de construção adoptam prontamente a utilização destes instrumentos nas suas actividades. São apresentadas as tendências no fabrico de novos instrumentos de topografia para a construção. Foi efectuado um estudo com recurso a um questionário para determinar como esta tendência de desenvolvimento deve ser abordada no ensino da topografia de construção aos alunos d o s   programas de tecnologia de gestão da construção. Este artigo também apresenta os resultados do questionário enviado a todos os membros que concedem diplomas de 4 anos das escolas associadas de construção (asc), que são acreditadas pelo conselho americano para o ensino da construção (acce). Catorze escolas responderam. A conclusão do estudo é que as escolas favorecem a inclusão de equipamento de ponta de "alta tecnologia" em topografia no ensino do curso, para que os estudantes possam estar melhor preparados para o local de trabalho. Depois de os alunos terem aprendido a utilizar os instrumentos básicos de topografia, recomenda-se que se ensine a utilização dos novos instrumentos de topografia e as suas aplicações na construção.

Desenvolvimento de um instrumento de topografia, (Angelica E. Faller.)

Os instrumentos de topografia foram desenvolvidos gradualmente. Pensa-se que a utilização extensiva de instrumentos de topografia surgiu durante os primeiros tempos do império romano. Esta notável capacidade de engenharia dos romanos é claramente demonstrada pela sua extensa construção de estruturas e edifícios que continuam a existir até à era moderna. É de notar que muitos instrumentos e dispositivos de topografia evoluíram a partir dos que eram anteriormente utilizados em astronomia. Os instrumentos que se seguem foram os primeiros precursores dos actuais instrumentos de topografia.

Estudo de viabilidade: Utilização de um instrumento de levantamento topográfico virtual na formação em topografia, (shih-chung jessy kang et.al . , setembro de 2007)

Este documento apresenta um estudo de viabilidade da utilização de um instrumento de levantamento virtual, o simu survey, para a formação de topógrafos. O simu survey foi desenvolvido para visualizar e simular cenários de levantamento topográfico num ambiente virtual gerado por computador. Nesta investigação, estudámos a viabilidade de introduzir a utilização do simu survey em cursos regulares de formação de topógrafos. Foram utilizados métodos de avaliação quantitativos e qualitativos. O método de avaliação quantitativa incluiu um questionário a 323 alunos de três escolas profissionais e 205 cópias de um questionário em sala de aula que se seguiu a uma sessão de ensino de 25 minutos sobre o Simu survey. O objetivo do questionário era compreender as atitudes dos alunos em relação à utilização de instrumentos de inquérito virtuais no curso de formação. Os resultados mostram que 91% dos estudantes acreditam que a utilização de instrumentos de inquérito virtuais na formação irá beneficiar a sua experiência de aprendizagem. Os resultados do questionário em sala de aula indicam que a utilização do inquérito Simu produz resultados de aprendizagem satisfatórios, com cerca de dois terços dos alunos participantes capazes de responder corretamente às perguntas de seguimento. A análise qualitativa foi obtida através de entrevistas a cinco instrutores experientes de diferentes origens. Em geral, mostraram-se optimistas quanto à ideia de incluir o inquérito Simu na formação regular dos inspectores.

Modelação de erros sistemáticos para a medição de ângulos num instrumento de topografia virtual (Ruei-Shiue Shiu et.al. 2011)

A minimização e eliminação de erros provocados por imperfeições instrumentais ou pela ação humana é um tema importante no ensino da topografia. No entanto, apesar dos comportamentos claros e definidos de cada erro de levantamento topográfico, não é geralmente fácil demonstrar num quadro os seus efeitos reais nos levantamentos de campo. Isto deve-se ao facto de vários erros não só ocorrerem simultaneamente, como também interagirem entre si. Este estudo tem como objetivo desenvolver uma abordagem de ensino mais eficaz através da simulação e visualização de um instrumento de levantamento topográfico utilizando computadores. A ênfase é colocada na modelação de erros sistemáticos que ocorrem em instrumentos reais. Nove tipos de erros instrumentais foram reconstruídos e implementados como um módulo no SimuSurvey, uma ferramenta de instrução assistida por computador existente para a formação em topografia. Com base nos resultados de um teste de utilizador, a ferramenta de instrução assistida por computador com módulos de erro fornece um material didático mais realista, podendo assim ser um auxiliar eficaz na formação em topografia.

Um Estudo de Viabilidade da Monitorização da Deformação Estrutural de Edifícios Utilizando o Sistema de Posicionamento Global (GPS), a Técnica de Levantamento Terrestre (TST) e a Medição de Fissuras (CGM) (Mat Rahim Ibrahim et.al. 2010)

A deformação de estruturas de engenharia é frequentemente monitorizada para garantir que a estrutura apresenta um comportamento de deformação seguro.

A deformação de edifícios altos pode ser monitorizada através de levantamentos geodésicos e de medições geotécnicas/estruturais. Os levantamentos geodésicos incluem levantamentos convencionais (terrestres) e por satélite (Sistema de Posicionamento Global); por outro lado, as medições geotécnicas/estruturais são detectadas através da utilização de leasers, tiltmeters, joint-meters e micrometros. Esta investigação irá discutir a capacidade de monitorizar a estrutura de edifícios altos e baixos utilizando levantamentos geodésicos (convencionais e por satélite) e medições geotécnicas (medição da largura de fendas). Dois edifícios, nomeadamente a Twin Tower do Complexo de Ciência e Tecnologia e o Innovation Centre Building da University Technology MARA (UiTM), Selangor, Malásia, foram escolhidos para o estudo de investigação. A Torre Gémea da UiTM representa um edifício de grande altura, tendo sido estabelecidos cinco pontos de controlo em torno do edifício para o trabalho de monitorização. O Centro de Inovação foi monitorizado através de nove pontos de controlo. Os exercícios de monitorização são efectuados em quatro (4) épocas diferentes. O conjunto de dados terrestres e do Sistema de Posicionamento

Global (GPS) no exercício de monitorização é processado e analisado utilizando a técnica de intersecção e o software Trimble Geomantic Survey (TGO). De um modo geral, os pontos monitorizados para o Edifício Twin Tower registam movimentos entre 1 mm e 10 mm. Para o edifício do Centro de Inovação, os pontos monitorizados parecem deslocar-se entre 1 mm e 9 mm. A deteção de movimentos para a estrutura de ambos os edifícios parece estar dentro da tolerância permitida. A monitorização da estrutura dos edifícios utilizando as técnicas adoptadas neste estudo apresenta vantagens e desvantagens significativas.

Pré-teste de instrumentos de inquérito: Uma visão geral dos métodos cognitivos, (Debbie Collins, 2001)

Este artigo defende que os questionários dos inquéritos, que são um tipo de instrumento de medição, podem e devem ser testados para garantir que cumprem o seu objetivo. Tradicionalmente, os investigadores de inquéritos têm estado pré-ocupados com a "normalização" dos instrumentos e procedimentos de recolha de dados, tais como a formulação de perguntas, e têm assumido que a experiência na conceção de questionários, juntamente com o teste-piloto de questionários, assegurará então resultados válidos e fiáveis. No entanto, implícito na noção de normalização estão os pressupostos de que os inquiridos são capazes de compreender as perguntas que estão a ser feitas, que as perguntas são compreendidas da mesma forma por todos os inquiridos e que os inquiridos estão dispostos e são capazes de responder a essas perguntas. O desenvolvimento de métodos de teste de perguntas cognitivas proporcionou aos investigadores sociais uma série de teorias e ferramentas para testar estes pressupostos e para desenvolver melhores instrumentos de inquérito e questionários. Este documento descreve algumas destas teorias e ferramentas e defende que o teste cognitivo deve ser uma parte normal do processo de desenvolvimento de qualquer instrumento de inquérito.

Problemas operacionais com medidores de radiações (Richard C. McCall, 1984)

Este artigo descreve os problemas encontrados com os medidores de levantamento comerciais. São enumeradas as qualidades desejadas de tais instrumentos para utilização em torno de aceleradores. São descritas as tentativas de satisfazer as necessidades de monitorização do acelerador através da modificação de instrumentos comerciais e da investigação e desenvolvimento internos.

Princípios da investigação por inquérito: parte 3: construção de um instrumento de inquérito (Barbara Kitchenham et.al. janeiro de 2002)

Neste artigo, discutimos a forma de construir um questionário. Salientamos a necessidade de utilizar quaisquer resultados de investigação anteriores para reduzir as despesas gerais da construção do inquérito. Identificamos uma série de questões a considerar na seleção de perguntas, na construção de perguntas, na decisão sobre o tipo de pergunta e na finalização do formato do questionário.

Levantamento topográfico com GPS, estação total e scanner laser terrestre: um estudo comparativo (Solomon Dargie Chekole, 2022)

Atualmente, os receptores GPS avançados estão a melhorar a precisão da informação de posicionamento, mas em locais críticos, como as zonas urbanas, a disponibilidade de satélites é limitada, sobretudo devido ao problema do bloqueio do sinal, que degrada a precisão necessária. Por este motivo, devem ser utilizados diferentes métodos de medição. O objetivo desta tese é avaliar e comparar a precisão, a exatidão e o tempo gasto pela estação total (TS), pelo sistema de posicionamento global (GPS) e pelo scanner laser terrestre (TLS). A comparação da precisão, da exatidão e do tempo necessário para estas três medições melhorará o conhecimento sobre a precisão e a exatidão que podem ser alcançadas e o tempo gasto. Para investigar esta tarefa, uma rede de referência constituída por 14 pontos de controlo foi medida cinco vezes com o

Leica 1201 TS e serviu como valor de referência para comparação com as medições RTK e TLS. Os pontos da rede de referência foram também medidos cinco vezes com o método GPS RTK, de modo a comparar a exatidão, a precisão e o tempo despendido com o método TS. Além disso, para comparar a exatidão, a precisão e o gasto de tempo da estação total e do TLS, a fachada nordeste do edifício 1 do campus k, em Estocolmo, Suécia, foi varrida cinco vezes com o scanner 2500 em seis pontos-alvo. Estes seis pontos-alvo foram também medidos cinco vezes com o TS. Em seguida, foi efectuada uma comparação para avaliar a qualidade das coordenadas dos pontos-alvo determinadas com ambas as medições. Os dados foram processados no software cyclone, geo professional school e Leica geo office.

Ensaio e calibração de instrumentos e ferramentas de topografia - meios para o aumento da qualidade dos trabalhos de topografia na construção a ján jeţko Departamento de Topografia da FCE da SUT, (Radlinského 11, 813 68 Bratislava)

Este artigo é publicado no âmbito do projeto Vega, número de registo do projeto 1/0481/12 "Monitorização e análise das alterações espaciais das estruturas dos edifícios e do ambiente natural utilizando tecnologias terrestres, fotogramétricas e de satélite". O artigo apresenta os procedimentos básicos de calibração de instrumentos de topografia selecionados e equipamento auxiliar (níveis digitais e miras de nivelamento com código de barras, estações totais e taqueómetros electrónicos, sistemas reflectores). São apresentados os resultados do ensaio da influência da luz no trabalho do nível digital. São também apresentados o procedimento de ensaio e os resultados da calibração dos círculos horizontais dos instrumentos de topografia no dispositivo de calibração do Instituto Eslovaco de Metrologia em Bratislava.

Avaliação baseada na lógica difusa de instrumentos e mecanismos de medição topográfica antigos (José Antonio Hernández et al. , fevereiro de 2024)

No contexto histórico do antigo Império Romano, especialmente no sudoeste de Espanha, este estudo utiliza a metodologia da lógica difusa para efetuar uma análise comparativa abrangente dos instrumentos de medição topográfica. Estes instrumentos, especificamente a groma, o esquadro de agrimensor, a dioptria, o choro bate e o odómetro, foram fundamentais para a formação das infra-estruturas da região e desempenharam um papel crucial em projectos de engenharia antigos. A lógica difusa é estrategicamente utilizada para atribuir valores difusos que variam entre 0 e 1 a cinco caraterísticas fundamentais: precisão, complexidade, versatilidade, durabilidade e facilidade de utilização. Estes atributos permitem uma avaliação diferenciada de cada instrumento. Por exemplo, a um instrumento conhecido pela sua precisão seria atribuído um valor mais próximo de 1, enquanto um instrumento com menor precisão receberia um valor mais próximo de 0. Os resultados desta investigação fornecem uma perspetiva multifacetada sobre a importância histórica destes instrumentos no Sudoeste de Espanha durante a era romana. Ao oferecer avaliações pormenorizadas dos seus pontos fortes e fracos através de comparações baseadas na lógica difusa, o estudo realça a adequação de cada instrumento a requisitos de medição distintos. Ao ilustrar a adaptabilidade da lógica difusa na avaliação de instrumentos históricos, esta investigação introduz uma nova abordagem que pode ser aplicada a vários contextos. Não só revela o papel fundamental desempenhado por estes instrumentos durante o Império Romano, como também sublinha a sua relevância para a topografia e o levantamento topográfico contemporâneos, proporcionando uma ponte valiosa entre as práticas antigas e modernas.

Levantamento do estado estrutural das infra-estruturas de transportes (Qingquan Li , outubro de 2023)

As infra-estruturas de transportes são a pedra angular do desenvolvimento económico de todos os países do mundo e têm de ser concebidas e construídas de forma adequada, de acordo com o nível de desenvolvimento do país. A China é um país em desenvolvimento com uma grande população. Nas últimas décadas, foram construídos na China cerca de 5 200 000 km de estradas e 146 000 km de caminhos-de-ferro. É de salientar que a China construiu 38 000 km de caminhos-de-ferro de alta velocidade, que são os mais longos do mundo. Até à data, as infra-estruturas de transportes em todos os países atingiram uma certa escala, especialmente nas regiões desenvolvidas. O funcionamento seguro das infra-estruturas tornou-se o objetivo principal dos departamentos de gestão dos transportes. A deteção e a reparação atempadas destes problemas são importantes para garantir a segurança das várias instalações em serviço. Em instituições de investigação de todo o mundo, cientistas e engenheiros realizaram uma investigação aprofundada sobre o levantamento do estado das infra-estruturas, incluindo estradas, pontes, túneis e caminhos-de-ferro.

Avanços na tecnologia geoespacial na exploração mineira e nas ciências da terra (Long Quoc Nguyen et al. , 2023)

A utilização de veículos aéreos não tripulados (UAV) está a aumentar na indústria mineira devido aos óbvios benefícios económicos e ambientais, bem como à redução do risco para os trabalhadores das minas. Este documento apresenta uma análise dos desenvolvimentos recentes no que respeita às aplicações dos VANT na prospeção e cartografia de minas de superfície, subterrâneas e abandonadas. Além disso, após a deteção das barreiras associadas à utilização da tecnologia dos VANT na prospeção de minas, serão discutidos os contra-métodos para ultrapassar estes desafios. Finalmente, são também consideradas as perspetivas de desenvolvimento dos UAV. Os resultados indicam que os VANT podem ser utilizados para a construção de superfícies, a criação de modelos tridimensionais (3D), a avaliação da sua precisão e a realização de levantamentos topográficos de minas de superfície. Além disso, este sistema é uma ferramenta útil para o mapeamento de minas subterrâneas e abandonadas. Este trabalho constitui uma referência técnica para ampliar o conhecimento e o reconhecimento das aplicações dos VANTs no levantamento e mapeamento em áreas de minas.

Levantamento da paisagem (virtual): A scoping review of XR in postsecondary learning environments (Nathaniel W. Cradit et al . 2023)

À medida que as tecnologias de realidade alargada (XR) se tornam mais prevalecentes nos ambientes de aprendizagem pós-secundária em todo o mundo, este estudo oferece uma revisão do âmbito da investigação publicada sobre o tema. Ao utilizar uma estrutura teórica para examinar os dados nos vários domínios que compreendem a realidade alargada (ou seja, realidade aumentada, mista e virtual), este estudo oferece uma compreensão abrangente e única das implicações e resultados de vários tipos de tecnologia. Foram recolhidos dados de 88 publicações, tendo 46 cumprido os critérios de inclusão. As fontes de literatura incluíram ebsco host, eric, ProQuest, psych info, web of science e world cat, e foram analisadas utilizando uma estrutura Prisma. O objetivo deste estudo foi traçar a evidência e as lacunas na compreensão empírica da XR na aprendizagem pós-secundária, incluindo a eficácia, a implementação, as tecnologias, os recursos, as limitações, a acessibilidade e as metodologias e locais de investigação da XR. As descobertas notáveis incluíram evidências mistas da eficácia da XR como uma tecnologia de aprendizagem pós-secundária, limitações claras em relação à infraestrutura e apoio institucionais necessários, e predominância da tecnologia de auscultadores e metodologias não generalizáveis na investigação existente. O estudo também gerou três implicações-chave para a investigação futura sobre XR: investigações sobre a acessibilidade para diversos alunos, estudos concebidos para produzir resultados generalizáveis sobre a eficácia da aprendizagem e explorações da implementação de XR orientada para a aprendizagem.

CAPÍTULO 3
METODOLOGIA

3.1 GRÁFICO DE FLUXO:

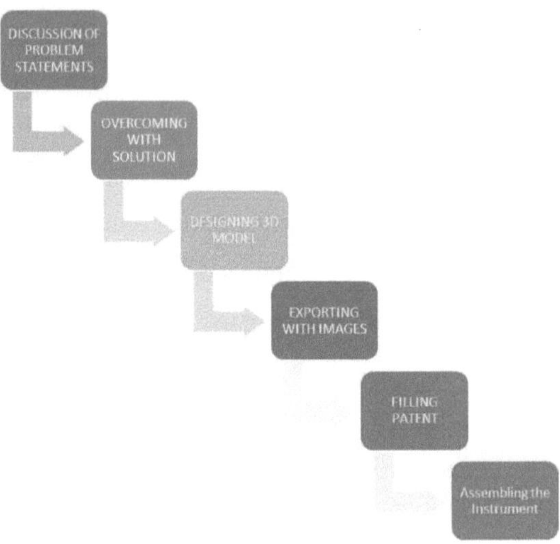

3.1.1 Discutir a declaração do problema:

A necessidade de selecionar este projeto deveu-se ao facto de os antigos instrumentos de topografia consumirem mais tempo e de as probabilidades de erro serem demasiado elevadas devido ao seu funcionamento e à sua formulação antiga. Nos pontos seguintes, discutimos as desvantagens dos antigos instrumentos de topografia.

3.1.1.1 Desvantagens do teodolito:

• Foi necessário mais tempo para nivelar e centrar.

• Desafios de obstrução

• Funcionamento manual

• A medição pode ser menos exacta.

3.1.1.2 Desvantagens do pessoal transversal aberto

• Medição menos exacta

• É necessário mais tempo para efetuar a bissecção.

• Provoca erros manuais e instrumentais na medição.

3.1.2 Superação com solução:

I.A questão fundamental que desencadeou o conceito de inovação para estes inconvenientes foi o facto de os instrumentos antigos consumirem muito tempo, pelo que a solução foi a adição de novas peças e novos elementos.

II. Consequentemente, a única abordagem viável era planear e executar cuidadosamente a criação de novas peças instrumentais. O desenho e a criação dar-nos-ão um conceito real do modelo de que necessitamos.

III. Como as desvantagens mencionadas acima, o instrumento mais complicado na topografia é o teodolito de trânsito, de modo a torná-lo mais fácil através de acessórios adicionais, de modo a incluir vários novos acessórios para um trabalho mais fácil.

IV. Para facilitar a utilização do teodolito de trânsito, existem desvantagens, como a impossibilidade de definir a direção norte real, para o que é necessária uma bússola prismática separada, que é o processo mais moroso de centragem e nivelamento.

V. Outra desvantagem notável é a redução significativa do tempo necessário para calcular ângulos distintos de elevação (α) e depressão (β). Este aspeto de poupança de tempo é particularmente crítico em aplicações de topografia, onde medições rápidas e precisas são essenciais para a tomada de decisões e o planeamento de projectos. Os métodos tradicionais envolvem frequentemente cálculos manuais que podem ser morosos e propensos a erros, especialmente quando se lida com geometrias complexas ou terrenos variáveis. A integração de caraterísticas de processamento de dados em tempo real nos instrumentos modernos permite aos topógrafos analisar e interpretar instantaneamente as medições de ângulos no local, facilitando a tomada de decisões e ajustes mais rápidos durante o trabalho de campo. Esta abordagem simplificada não só poupa tempo como também aumenta a precisão e a fiabilidade dos cálculos de ângulos, contribuindo para a qualidade e eficácia globais das operações de levantamento topográfico.

VI. No novo teodolito de vernier de 20" modificado, foi adicionada a nova escala de vernier e o teodolito atualizado utiliza os novos verniers e e f para determinar o ângulo vertical entre dois objectos. Em comparação com os anteriores vernieres c e d, isto simplifica o processo e reduz o tempo. Existe um novo botão no nónio e. O dispositivo é calibrado alinhando o objeto 1 (acima do eixo horizontal do telescópio) e rodando manualmente o botão para ajustar as leituras da escala principal e do nónio para 0. Para ajustar as leituras da escala principal e do nónio para zero no nónio f, alinhe o objeto 2 (abaixo do eixo horizontal do telescópio) e rode manualmente o botão extra.

VII. No teodolito orientado, o teodolito redesenhado facilita o alinhamento com a direção norte, eliminando a necessidade de uma bússola e de uma vara de medição na estação do instrumento para estabelecer o azimute. Esta invenção acelera e melhora a eficácia do procedimento de levantamento topográfico. Este instrumento torna-se uma solução tudo-em-um com a adição de uma bússola moderna, uma estrutura vertical rotativa horizontal e um acessório de palheta de objeto modificado. O processo de recentragem, outrora laborioso, foi acelerado. Além disso, este teodolito pode calcular outros tipos de orientação diretamente no aparelho, tais como orientações de círculo reduzido e completo.

VIII. É constituído por vários componentes, como a estrutura vertical horizontal, a palheta de objectos modificada e a bússola moderna, o que torna este instrumento único e fácil de utilizar. Isto também reduz a necessidade de mão de obra durante a realização do levantamento.

3.1.3 Conceção de um modelo 3D:

• Após a criação do esboço do instrumento primário, o objetivo principal era construir um modelo 3d do instrumento que cumprisse as especificações de conceção do modelo necessárias para a medição e precisão.

• Decidimos optar pelo "blender 3.6" por ser um programa de modelação 3D compreensível e de fácil utilização. Este programa tinha uma interface de utilizador simples e estava disponível para ser descarregado gratuitamente como software livre de código aberto.

• Quando o software é iniciado, são apresentadas as opções "ficheiros recentes" e "novos ficheiros". Aí, é-nos dado acesso ao novo espaço de trabalho e podemos iniciar um novo projeto ou modelo com base nos requisitos que temos. A fig. 8 seguinte mostra a interface inicialmente apresentada.

Figura 7. Interface de arranque do Blender 3.6

Passos:

I. Existem principalmente 2 opções e respectivas sub-opções a selecionar. Na opção **"Novo ficheiro"**, temos várias opções para modelar o modelo pretendido. Utilizando várias opções de modelação, podemos criar modelos de vários tipos e de vários materiais, o que ajuda a criar diferentes tipos de modelos, como vidro, espelho, metal, borracha, madeira, etc.

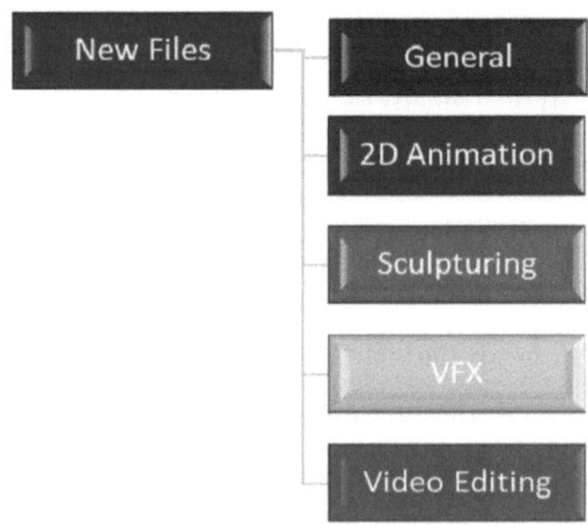

E, nos **ficheiros recentes**, temos acesso a todos os projectos recentes em que trabalhámos anteriormente ou em que trabalhámos recentemente.

II. Quando escolhemos a opção Geral, aparece um cubo com a forma de um cubo na área de trabalho. Esta é a área de trabalho onde podemos criar os modelos 3D necessários. A interface do espaço de trabalho é apresentada na figura 9.

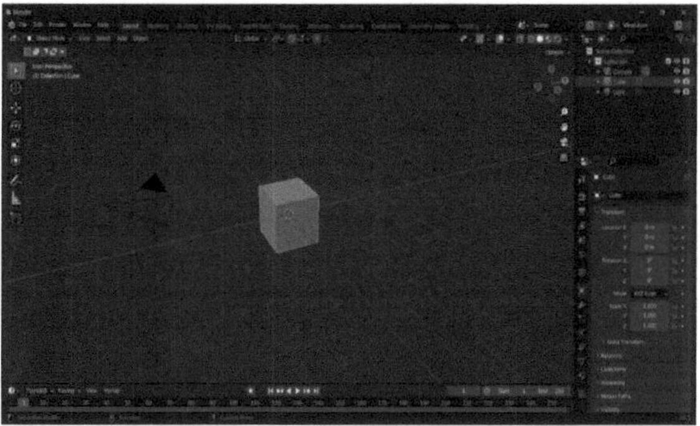

Figura 8. Espaço de trabalho de modelação 3D.

III. Este espaço de trabalho tem muitos separadores e opções que ajudarão a criar um modelo e uma forma personalizados, com a textura, a coloração, a escultura, etc.

3.1.4 Etapas para a criação do modelo:

i.Depois de selecionar o novo ficheiro, aparecerá um cubo no ecrã, que é uma forma básica que pode ser editada em conformidade, eliminando ou adicionando uma nova malha/forma.

ii.   Para adicionar a nova forma, prima "shift + a" ou selecione o separador "add" (adicionar) no separador acima e adicione o novo elemento de forma na opção "mesh" (malha).

iii.Podemos editar as propriedades físicas da nova forma adicionada e misturá-la de acordo com os requisitos e criar o modelo, a forma, o carácter, etc., de acordo com os requisitos.

iv.Depois de criar o modelo pretendido no Blender, utilizando os modificadores, podemos editar e modificar o modelo de acordo com os requisitos, através de várias adições e cortes, o modelo obterá a forma e o aspeto exactos.

v. Na opção material, podemos criar os modelos com propriedades exteriores de qualquer tipo de material, como metal, vidro, madeira, tecido, etc,

vi.Depois de terminar a modelação, adicione a malha em branco para o fundo branco e, em seguida, prima f12 para renderizar a imagem.

3.1.5 Exportação de imagens:

• Depois de criar a ferramenta personalizada ou o modelo 3D, convertendo-o em imagem, ou seja, no formato ".jpeg", é utilizado o nome da ferramenta **Render**. Como mostra a figura 10 abaixo

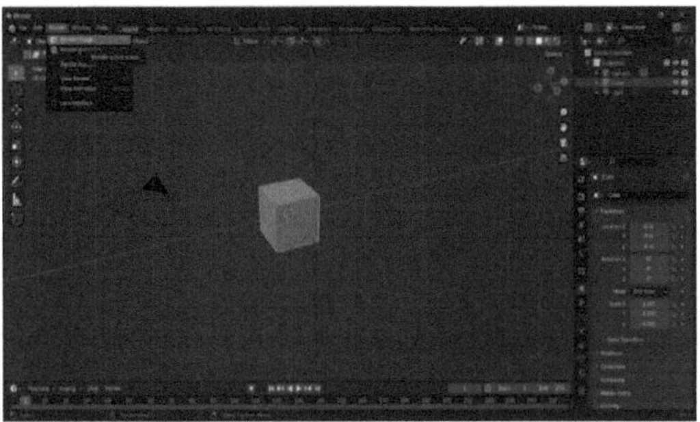

Figura 9. Ferramenta de renderização.

• A opção **Renderizar imagem** ou **F12** ajuda a converter o modelo 3D em ".jpeg", que pode ser utilizado para o apresentar em papel e ajudar a estudá-lo corretamente.

3.1.6 Patente de enchimento:

• Depois de concluído o procedimento de modelação 3D e de renderização de imagens, foi iniciado o processo de registo de patentes, que necessita das imagens de todas as vistas e da descrição do instrumento.

• Depois de cumpridas as formalidades legais e de prestação de serviços, preenchemos com êxito a patente e esta também foi aceite. Seguem-se os pormenores do número de pedido da patente:

o Teodolito orientado: 397921-001

o Teodolito vernier de 20" modificado: 397915-001

o Bastão aberto pro-cross: 401569-001

3.1.7 Montagem do instrumento:

• Para a fase final, decidimos fabricar uma "mira pro-cross aberta", uma vez que era fácil de fabricar e tinha menos despesas do que o "teodolito orientado" e o "teodolito vernier de 20" modificado".

• De acordo com o calendário, o instrumento é montado de acordo com todos os requisitos e especificações que foram decididos.

• O custo total necessário para fabricar o instrumento foi de ₹40.000/-. A estimativa detalhada é dada abaixo:

Quadro n.º 1 Estimativa do instrumento

Preço estimado de cada parte do instrumento			
N.º Sr.	Peças	Quantidade	Montante (Rs)
1	Telescópio	1	₹8,000
2	Mini telescópio	1	₹5,000
3	EDM (Distância Eletrónica Dispositivo de medição)	1	₹8,000
4	Rolamento	3	₹600
5	Suporte para tripé	1	₹8,500
6	Puxadores	6	₹600
7	primavera	3	₹1,300
8	Suporte de haste única	1	₹2,200
9	Tubo de bolhas	2	₹1,600
10	Barras metálicas	3	₹1,200
11	Diversos		₹3,000
	Total		Rs. 40,000

- Para fabricar o instrumento e montar todas as peças como um protótipo, utilizámos um autonível como telescópio principal, ligado a um minitelescópio e soldado normalmente para colocar o dispositivo eletrónico de medição da distância, de acordo com o projeto.

Figura 10. Instrumento montado

- Devido à indisponibilidade do telescópio principal, a melhor alternativa foi utilizar o autonível, uma vez que o funcionamento do autonível e do telescópio principal era o mesmo. A vantagem de utilizar o autonível como alternativa foi também o facto de o tubo de bolhas de ar de nivelamento já estar ligado ao mesmo, pelo que se poupou a utilização de outros tubos de bolhas.

Figura 11. Instrumento com todos os acessórios

- O EDM que utilizámos tem um alcance de 40 m, utilizando o laser a distância é fácil de medir, e as ranhuras por trás do EDM ajudam a fixar o dispositivo com a ajuda de um parafuso.

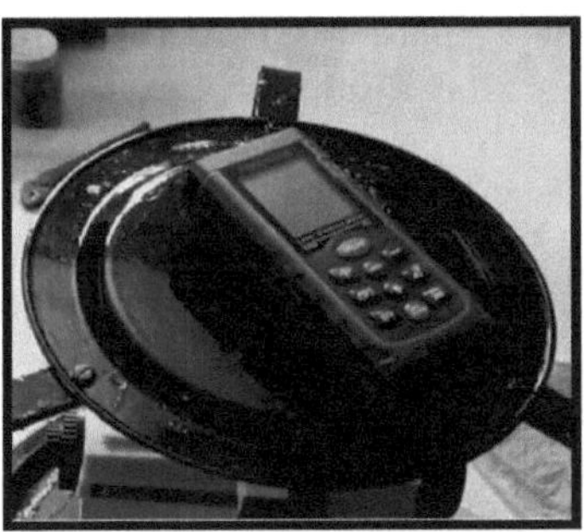

Figura 12. EDM

CAPÍTULO 4

TESTE DE CAMPO

4.1 Instrumento de topografia: Equipa transversal aberta

1. Aparelhos: Pau de cruz aberto, vara de alcance, bob de ameixa, cavilha de madeira, corrente,

2. Procedimento:

i. Colocar a mira aberta no suporte único e colocar a vara de alcance no local.

ii. Selecionar a distância mais longa entre dois pontos da área de terreno que vai ser medida.

iii. Fazer um desvio em ambas as extremidades.

iv.Medir a distância entre dois desvios utilizando uma corrente. Esta distância mais longa na área do terreno é designada por linha de base.

v. Inserir setas em cada um dos cantos do terreno.

vi.Medir a distância entre dois desvios utilizando outra corrente.

vii. Em seguida, medir a distância entre a linha de base e todos os desvios e entre os desvios. Esta linha é designada por linha da corrente.

viii. O processo e o funcionamento são apresentados na figura seguinte.

4.2 Instrumento de topografia: Mira aberta pró-cruzamento

1. Aparelhos: Mira aberta, vara de alcance, espeto de ameixa, estaca de madeira.

2. Procedimento:

i. Antes de colocar o instrumento principal no tripé, é efectuado um galope com a ajuda de um fio de prumo. Uma vez atingido o centro correto do instrumento, este é colocado no suporte de tripé auto-ajustável.

ii. Depois de o instrumento ser colocado utilizando as bolhas fornecidas no instrumento, nivelá-lo de modo a que as bolhas adjacentes do tubo de bolhas fiquem no centro. Isto fará com que o instrumento fique nivelado nos eixos x e y.

iii. Após o nivelamento e a centragem, fixar o instrumento com o suporte do tripé e fixar o edm no topo do instrumento de modo a que não seja perturbado em nenhum momento durante a realização do levantamento. Fixar toda a configuração com o botão, fixar o instrumento de modo a não o perturbar.

iv. Após a instalação do instrumento superior, abrir o botão central do suporte para libertar as pernas do suporte do tripé. Quando estiverem em posição, nivelar os suportes do tripé com a ajuda do tubo de buddle e fixar os botões das pernas.

v. Quando as pernas estiverem fixas na posição pretendida, ajuste a altura de acordo com as necessidades, fixe todos os botões e inicie o procedimento seguinte.

vi. Desapertar o botão do telescópio principal e rodá-lo na direção em que as leituras principais vão ser efectuadas. Colocar a vara de medição na posição em que vai ser efectuado o levantamento principal.

vii. Agora, ligue o EDM para medir a distância. Este EDM especial tem dois modos: "automático" e "manual". No modo automático, basta premir o botão "start" e a distância até ao obstáculo será medida automaticamente, ao passo que no modo manual é necessário manter premido o botão "start" até obter a leitura essencial.

viii. Escolheremos o modo manual e iniciaremos a bissecção da haste de medição através do telescópio principal num intervalo aleatório de 5 m e iniciaremos o EDM para medição se a distância não for suficiente ou exceder a leitura necessária, apenas mudaremos a posição da haste de medição de um lado para o outro até e a menos que a leitura necessária seja mostrada no visor.

ix. Uma vez adquirida a distância de leitura necessária, marcar o ponto e, em seguida, sem mover ou rodar o telescópio em relação ao telescópio de intersecção, marcar o intervalo de 1 metro que forma o ângulo reto adequado entre duas leituras.

x. Exemplo: se a posição do instrumento principal for o ponto o, então a distância do ponto o ao ponto onde é medido o intervalo de 5 metros requerido é o ponto a e o ponto medido a partir do telescópio de intersecção com um intervalo de 1 metro é o ponto b. Então AO= 5m, OB= 1m e o ângulo entre AO e OB deve ser de 90 graus (ângulo reto).

xi. Seguir o procedimento para a marcação de intervalos de 1 metro (OB, $OB1$, $OB2$, OBn) até à soma total de 5 metros, e distâncias adicionais. E calcular as leituras.

Figura 14. Medição de distâncias com EDM

CAPÍTULO 5

RESULTADOS E DISCUSSÃO

5.1 Observações para o pessoal do Open Cross

1) De acordo com as orientações dadas, realizámos o inquérito sobre "pessoal interpessoal aberto" e "pessoal pró-pessoal aberto" e, em muitos pontos, a diferença entre os resultados de ambos os inquéritos é notável em termos de operações manuais e de interpretação dos resultados

2) As observações dos agentes transversais abertos são enumeradas a seguir:

Quadro n.º 2 Observação dos agentes transversais abertos

N.º Sr.	Particularidades	Leituras	Tempo necessário para a execução (minutos)
1	Centragem e nivelamento	-	-
2	Bissetriz da vara de pesagem	-	6
3	Medição dos intervalos (incluindo os ajustamentos)	5 metros e 1 contador	5
4	Marcação dos intervalos (Cada intervalo)	5 metros e 1 contador	1
5	Ajustes adicionais frequentes	-	3
Total			15 minutos

3) A observação anteriormente discutida indica que a realização do teste de campo levou um longo período de tempo, principalmente devido à necessidade de mão de obra.

4) Outra observação foi o facto de ter demorado mais tempo a efetuar a bissecção do desvio, uma vez que a vara de medição não podia ser vista através da palheta estreita.

5.2 Observações para o pessoal do Open Pro-Cross

1) De acordo com as diretrizes dadas, realizámos o inquérito sobre "pessoal

aberto pró-cruzeiro"

2) Como este estudo foi efectuado várias vezes devido ao fabrico de um novo instrumento, a calibração e a interface não eram familiares em comparação com o outro instrumento de estudo.

3) A observação do pessoal do Open pro-cross é apresentada a seguir:

Tabela no. 3 Observação para o pessoal do Open Pro-Cross

N.º Sr.	Dados	Leituras	Tempo necessário para a execução (minutos)
1	Centragem e nivelamento	-	4
2	Bissetriz da vara de pesagem	-	4
3	Medição dos intervalos (incluindo os ajustamentos)	5 metros e 1 metro	2
4	Marcação dos intervalos (Cada intervalo)	5 metros e 1 metro	1
5	Ajustes adicionais frequentes	-	-
Total			11 Min

5.3 Comparação entre a observação do instrumento e o resultado final:

Quadro n.º 4 Comparação da observação de ambos os instrumentos

N.º Sr.	Dados	Leituras	Tempo necessário para a execução (minutos)	
			ABRIR PESSOAL DA CROSS	OPEN PRO PESSOAL DA CROSS
1	Centragem e nivelamento	-	-	4
2	Bissetriz da vara de pesagem	-	6	4
3	Medição dos intervalos (incluindo o ajustamentos)	5 metros e 1 metro	5	2
4	Marcação dos intervalos (Cada intervalo)	5 metros e 1 metro	1	1
5	Adicional Frequente Ajustamentos	-	3	-
Total			15 minutos	11 Min

1) Após a observação visual durante a realização de ambos os inquéritos, verifica-se que o tempo necessário para efetuar o inquérito com a "mira aberta transversal" é superior ao tempo necessário para efetuar o mesmo inquérito com o instrumento "mira aberta transversal".

2) A principal desvantagem deste novo instrumento é o facto de necessitar de menos tempo para funcionar do que o instrumento antigo.

3) O gráfico seguinte ajuda a diferenciar o tempo necessário para realizar um inquérito global utilizando dois instrumentos diferentes.

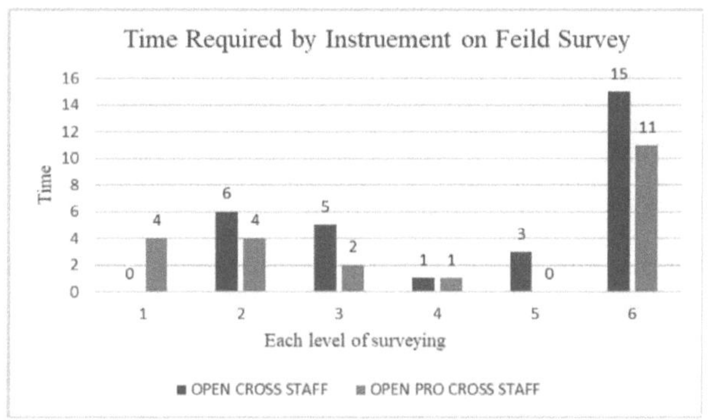

Gráfico n.º 1 Desempenho dos instrumentos no terreno

4) Outro inconveniente que é coberto por este novo instrumento é a visibilidade da palheta ocular. Na mira aberta, o tamanho da palheta ocular e da palheta do objeto é tão pequeno que não é possível biselar corretamente a vara de medição, ao passo que no novo instrumento, com a ajuda do novo telescópio, os objectos são claramente visíveis e também é fácil biselar a vara de medição.

5) O inconveniente de nivelar e tornar estável o instrumento é uma tarefa crítica no instrumento antigo, mas no novo instrumento é anulado com modificações como o suporte de tripé e o tubo de nivelamento incorporado.

6) A parte que consumia mais tempo era a medição e a marcação do desvio no levantamento rodoviário no instrumento antigo, mas no novo instrumento o tempo é gasto com a medição das distâncias, o que agora é muito mais fácil e eficiente em termos de tempo com a utilização da EDM.

CAPÍTULO 6

CONCLUSÃO

- Durante o estudo deste tópico, observámos e apercebemo-nos da estrutura complicada do dispositivo de levantamento topográfico. Para compensar a falta de benefícios, alterámos o teodolito de forma a simplificar e minimizar os cálculos. Estas alterações reduzem todos os erros e proporcionam melhores resultados que são mais precisos e exactos.

- A tarefa de registar a patente e inovar o novo instrumento foi coberta por este projeto

- Com a ajuda da mira Open Pro-Cross, foi fácil ultrapassar as desvantagens do instrumento antigo (mira Open Cross).

- Os inconvenientes, como o nivelamento, o consumo de tempo, a visibilidade e a viabilidade durante a realização do inquérito, foram ultrapassados com a ajuda de um novo instrumento com uma leitura mais precisa e operações fáceis de utilizar, de modo a que um principiante possa realizar facilmente o inquérito em poucos minutos.

REFERÊNCIAS

• Advanced surveying manual - Pravin bhanudas shinde, Sangita pravin shinde e Akash rajendra avhad, lambert academic publishing, pune.

• Surveying and leveling - part-ii and iii, t. P. Kanetkar e s. V. Kulkarni, pune vidyarthi griha prakashan, pune.

• Surveying vol. Ii, s.k. Duggal, tata mcgraw hill publishing company ltd. Nova Deli.

• Surveying, vol. I & ii por dr. B. C. Punmia, ashok k. Jain, arun k. Jain, laxmi publications.

• Plane surveying & higher surveying by dr a. M. Chandra, new age international publishers New Delhi

• Surveying vol. Ii & iii, K. R. Arora, standard book house, new delhi.

• Surveying and leveling, r subramanian, segunda edição, oxford university press, nova delhi.

• Princípios do sistema de informação geográfica-burrough-- oxford university press

• Topografia - M. D. Saikia-phi learning pvt. Ltd. Delhi

• Levantamento da paisagem (virtual): uma análise de escopo de xr em ambientes de aprendizagem pós-secundária por nathaniel w. Cradit et.al. 2023

More
Books!

info@omniscriptum.com
www.omniscriptum.com
OMNIScriptum

Printed by Books on Demand GmbH, Norderstedt / Germany